AF452535

RÈGLES PRATIQUES

SUR

L'ART DE CONDUIRE

LES

MACHINES LOCOMOTIVES

Imp. de Gustave GRATIOT, rue de la Monnaie, 11.

RÈGLES PRATIQUES

SUR

L'ART DE CONDUIRE

LES

MACHINES LOCOMOTIVES

PRÉCÉDÉES

D'UN EXAMEN SUR CES MACHINES

Par Martial CHEVALIER

ANCIEN ÉLÈVE DE L'ÉCOLE CENTRALE DES ARTS ET
MANUFACTURES

PARIS

A LA LIBRAIRIE SCIENTIFIQUE-INDUSTRIELLE

DE L. MATHIAS (AUGUSTIN)

QUAI MALAQUAIS, 15

1847

AVERTISSEMENT.

Les pages suivantes ont été écrites à la suite d'un séjour de quelques années en Angleterre, où des occupations dans les principaux ateliers et de fréquents voyages sur les machines locomotives m'ont permis de recueillir des renseignements précis sur le sujet que j'ai essayé de traiter.

Dans la première partie de ce travail, j'ai examiné les machines locomotives sous le point de vue spécial de leur marche, en m'attachant plus particulièrement à ce qui concerne leur stabilité et la production de la vapeur. J'y ai joint quelques résultats d'expériences faites en Angleterre sur la consommation d'eau et de coke.

La seconde partie est relative à la conduite des machines locomotives ; elle indique 1° les précautions à prendre avant d'employer une machine, et l'examen préalable auquel celle-ci doit être soumise ; 2° les soins que le mécanicien doit apporter pendant la marche, et, suivant les circonstances, les moyens dont il doit faire usage pour diriger sa machine ; 3° les mesures à prendre en cas d'accident.

Indépendamment de mes observations personnelles sur les machines lo omotives, cette seconde partie comprend les règles relatives à la manière de les diriger, par M. Hutton-Gregory, ingénieur du chemin de fer de Londres à Croydon.

J'ai terminé ce travail par plusieurs tableaux : l'un représente la dépense détaillée par semaine, pour chaque machine locomotive sur le chemin de Newcastle à Carlisle ; un autre donne le poids et la désignation des pièces qui entrent dans chacune des locomotives construites en Angleterre , sous ma direction, pour la ligne d'Orléans à Bordeaux. Ce dernier est précédé des principales dimensions des machines employées sur cette ligne et sur celles du Nord et de Paris à Lyon. Deux autres tableaux sont relatifs, l'un à la vitesse des trains, depuis 10 jusqu'à 100 kilomètres à l'heure, pouvant être utile aux mécaniciens qui en déduiront cette vitesse , en observant le temps nécessaire à l'un des parcours de 250, 500 ou 1,000 mètres ; le dernier indique le nombre de révolutions des roues motrices à diverses vitesses ; les diamètres des roues pour lesquels ces calculs ont été faits étant ceux qu'adoptent le plus ordinairement les constructeurs en Angleterre.

La question relative à la conduite des machines locomotives est, comme on le sait, une des plus importantes dans l'exploitation des chemins de fer et eût, sans aucun doute, exigé une main plus habile que la mienne, mais je ne me suis décidé à publier cet écrit, qu'après y avoir été encouragé par quelques-uns de nos ingénieurs les plus expérimentés parmi lesquels je citerai M. E. Flachat, ingénieur en chef des chemins de fer de Saint-Germain et Versailles (rive droite), M. J. Pétiet, ingénieur de l'exploitation du chemin de fer du Nord, et M. A. Barrault, ingénieur du matériel du chemin de fer de Paris à Lyon.

EXAMEN

SUR

LES MACHINES LOCOMOTIVES.

Les machines locomotives de la plus récente construction sont généralement à cylindres extérieurs ; la suppression des coudes de l'essieu moteur est en effet une importante modification, autant pour la sûreté qu'elle ajoute à la machine dans la transmission du mouvement des pistons aux roues motrices, que pour la facilité qu'elle donne au mécanicien dans l'examen, pendant la marche, des principales pièces du mécanisme. Cette disposition permet en outre d'abaisser notablement le centre de gravité de la machine, lorsque

des excentriques pour le mouvement des
pompes alimentaires ne sont point fixés
près du milieu de l'essieu moteur. Il est
possible dans ce cas d'avoir la chaudière
de 0,12 à 0,15 plus bas que pour une machine à cylindres intérieurs et d'une puissance équivalente.

Mais en même temps que la disposition des cylindres extérieurs présente les
avantages précédents elle implique la nécessité d'un entretien très soigneux des
boîtes à graisse et des plaques de garde,
afin d'y éviter du jeu qui, dans les machines de cette disposition particulièrement,
pourrait bientôt exister et altérer d'une
manière sensible le parallélisme des essieux.

Parmi les comparaisons que l'on peut
établir entre les machines locomotives de
nouvelle construction, la plus saillante est
dans la différence qui existe entre la longueur des chaudières; quelques-unes at-

teignent dans la partie cylindrique com-
prise entre la boîte à feu et la boîte à fumée
au delà de 4 mètres, tandis que la même
partie dans d'autres ne dépasse pas trois
mètres. L'avantage qui résulte des longues
chaudières pour l'accroissement de la surface de chauffe par les tubes n'est point
généralement admis; il est contesté que
la dernière partie des tubes près de la boîte
à fumée produise un effet utile quant à
la vaporisation. Les adversaires des machines à longue chaudière rapportent des
expériences faites à ce sujet sur une machine de ce genre, où la surface de chauffe
par les tubes est à celle de la boîte à
feu dans le rapport de 18 à 1. Ces expériences sembleraient au contraire prouver
qu'à des vitesses ordinaires de 35 à 40
kilomètres à l'heure, la température de
l'air à la sortie des tubes est inférieure à
celle de la vapeur dans la chaudière; la
partie des tubes près de la boîte à feu por-

terait dans ce cas un préjudice réel à l
production de vapeur ; mais à des vitesses
plus considérables, la température de l'air
à la sortie des tubes aurait atteint et dé-
passé celle de la vapeur dans la chaudière.

La résistance qu'éprouve l'air chaud à
son passage dans les tubes d'une grande
longueur (d'environ 4^m,30 dans les dernières machines de M. Stephenson), oblige
de restreindre la section du tuyau d'échappement pour faciliter l'éduction de cet air
par la cheminée. Lorsque le tirage est
puissamment activé par le jeu de vapeur,
une augmentation de résistance sur le
piston n'en est point le seul résultat im-
médiat : les pulsations du tuyau d'échappement peuvent être assez prolongées pour
agir mécaniquement sur le coke, le diviser
en petits morceaux et contribuer par cela
même à en accroître la consommation. Les
tubes sont aussi plus rapidement détério-
rés, autant par les particules du coke qui

y sont entraînées que par les vibrations qu'ils reçoivent à chaque pulsation.

Afin de diminuer le frottement de l'air dans les tubes, d'éviter une obstruction rapide de ces derniers et, par suite, de faire fonctionner la machine en conservant au tuyau d'échappement une plus grande section à l'orifice de sortie, le diamètre des tubes dans les machines locomotives à longues chaudières a été porté de 0,044 à 0,050 et 0,056.

Les boîtes à feu dans les machines du système de M. Stephenson n'ont point, dans le sens de la largeur, une dimension aussi grande que celles des machines d'autres systèmes ; cela tient, il faut le reconnaître, à l'extrême simplicité que cet ingénieur a apportée dans la construction de ses machines : un châssis en fer d'une seule pièce régnant de chaque côté dans toute la longueur de la machine, est rivé à la chaudière et à des supports fixés sur celle-ci ; les cylindres sont maintenus extérieurement sur les châssis, et les roues situées en dehors de ces derniers ; les tiroirs sont verticalement placés sur le côté des cylindres et mis directement en mouvement par les barres d'excentrique ; la course de chaque tiroir pouvant varier au moyen d'une coulisse placée à l'extrémité de ces barres.

Les machines du système de M. Stephenson sont caractérisées par la position des essieux des trois paires de roues qui sont compris entre la boîte à feu et la boîte à fumée ; ces deux parties de la chaudière étant situées en porte-à-faux par rapport aux essieux des roues de derrière et de devant. Dans ces machines l'essieu des roues de derrière est placé très près de la boîte à feu, à environ 0,12 à partir du centre de l'essieu ; cet arrangement et celui des châssis concourent à diminuer la largeur de la boîte à feu qui, dans les machines de cette construction, ne peut

excéder de 0,91 à 0,92. Cette réduction
de la largeur de la boîte à feu oblige aussi
à diminuer le diamètre du corps de la
chaudière et par conséquent le nombre
des tubes. Ce diamètre ne peut, dans le
sens horizontal, être porté au delà de 0,96
à 0,99, tandis que pour quelques autres
dispositions, comme par exemple pour les
machines avec châssis extérieurs, le diamètre du corps de la chaudière atteint
sans aucune difficulté 1,12 ; la largeur de
la boîte à feu en cuivre étant de 1^m,066
intérieurement.

Dans les locomotives avec châssis intérieurs de la précédente disposition, la
surface de chauffe par la boîte à feu se
trouvant réduite par suite de la faible largeur de ce compartiment, la surface de
chauffe par les tubes a été augmentée
d'une part en ajoutant à la longueur des
tubes, et d'autre part en ovalisant le corps
de la chaudière de manière à augmenter

de quelques rangées le nombre des tubes. Ce dernier arrangement, qui tend à élever le centre de gravité de la chaudière, a en outre l'inconvénient d'en diminuer la résistance, ou tout au moins d'en compliquer la construction par l'addition d'armatures transversales qu'il est alors nécessaire d'ajouter de distance en distance.

L'expérience a d'ailleurs démontré l'avantage qui résulte d'avoir des machines ayant de grandes boîtes à feu ; avec une production de vapeur plus considérable, la consommation du combustible, loin d'être augmentée ainsi qu'on l'avait d'abord supposé, se trouve au contraire sensiblement diminuée, les frais d'entretien des chaudières sont aussi moindres, et la conduite des machines est rendue plus facile.

Les boîtes à feu doivent avoir plus de longueur que de largeur ; la combustion

paraît dans ce cas s'opérer plus complétement.

Une modification qui n'altère en rien la
simplicité des machines de M. Stephenson
vient d'être faite par ce constructeur afin
d'augmenter la largeur de la boîte à feu
qui est ainsi portée à 1^m,066. Cette modification consiste à courber les châssis à
l'endroit où ils rencontrent la boîte à feu,
de manière à augmenter leur écartement
de la distance nécessaire. Ils sont, d'ailleurs, fortement assujettis sur chaque
côté de la paroi extérieure de la boîte à
feu pour n'avoir à craindre aucune rupture par les coups de tampon. Chacun des
ressorts de suspension correspondant à
l'essieu des roues de derrière est disposé
par l'intermédiaire d'un levier qui trans-
met la pression sur le milieu du ressort ;
ce dernier point ne correspondant pas à
l'axe de l'essieu.

Une autre disposition de machine qui

permet d'obtenir la même largeur de boîte à feu que la précédente est, comme nous l'avons déjà dit, celle qui place les châssis extérieurement : aussi n'a-t-on point cherché, dans ce cas, à avoir une très grande longueur de chaudière puisque la surface de chauffe est ainsi augmentée par un plus grand développement dans la surface de la boîte à feu et par un plus grand nombre de tubes.

Dans ces machines l'essieu de la troisième paire de roues a dû être placé en arrière de la boîte à feu. La position de cet essieu ajoute beaucoup à la stabilité des machines locomotives, notamment dans les grandes vitesses, et la charge y étant peu considérable, en raison de la position de l'essieu, ce genre de machines est par cela même plus susceptible de s'adapter aux courbes d'un faible rayon tout en conservant une distance, entre les centres des roues extrêmes, égale ou supérieure à celle des machines dont les trois essieux sont compris entre la boîte à feu et la boîte à fumée.

Dans les premières machines à longues chaudières construites par M. Stephenson la distance entre les centres des roues extrêmes variait entre 3^m et $3^m,30$ en laissant un porte-à-faux par rapport à l'essieu des roues de derrière de $1^m,80$ à partir du centre de l'essieu jusqu'à l'extrémité du châssis en fer. Dans les dernières machines de ce constructeur la distance entre les centres des roues extrêmes varie entre $3^m,65$ et $3^m,95$; cette même distance vient d'être récemment portée à $4^m,25$.

Dans les machines à moindre longueur de chaudière et où il n'existe point de porte-à-faux par rapport à l'essieu des roues de derrière, le plus grand écartement que nous ayons observé entre les centres des roues de devant et de derrière est de $4^m,15$ dans des machines construites en Angleterre par M. Saulghter ; cet écartement est de 3^m,96 dans les machines du chemin d'Orléans à Bordeaux, pour une longueur du corps cylindrique de la chaudière de 3^m,05. Dans celles du chemin de Paris à Lyon, où l'essieu des roues de derrière est aussi placé en arrière de la boite à feu, cet écartement est de 4^m.

Une machine locomotive a, comme on sait, d'autant plus de stabilité que son centre de gravité est moins élevé, et que la projection horizontale des points par où elle est supportée offre une base plus considérable. L'étendue de cette base est d'une part déterminée par la distance entre les centres des roues extrêmes et d'autre part par la largeur de la voie, cette largeur étant mesurée entre les centres de chaque ligne de rails. Mais il existe aussi une autre base ayant la même longueur que la précédente et dont la largeur est celle qui est mesurée par la distance, dans le sens transversal, entre le centre des ressorts de suspension de la machine, c'est-à-dire entre le centre des fusées des essieux. Cette base, quoique élastique, ajoute d'autant plus à la stabilité d'une machine qu'elle est plus grande que la base fixe. Or, dans les locomotives dont les châssis sont intérieurs, la base élastique étant moindre que la précédente dans le sens de la largeur d'environ $0^m,28$, tend au contraire à diminuer la stabilité de la machine, tandis que dans les locomotives à châssis extérieurs cette base élastique dans le sens de la largeur peut atteindre 2^m, c'est-à-dire $0^m,50$ de plus que la largeur de la base fixe et $0^m,78$ de plus que la largeur de la base élastique dans les machines à châssis intérieurs.

Sur la ligne de Londres à Brighton, dans des machines à châssis extérieurs, la distance transversale entre les centres des fusées qui était d'abord de $1^m,97$ a été portée à $2^m,13$ dans de nouvelles machines qui sont destinées à marcher à de grandes vitesses.

L'accouplement des roues ajoute aussi à la stabilité des locomotives. Il existe un système de machines, aujourd'hui très répandu en Angleterre, ayant les deux paires de roues de derrière accouplées, les essieux des trois paires de roues étant d'ailleurs placés entre la boîte à feu et la boîte à fumée. Cette disposition, qui est due à M. Stephenson, ne diffère des autres locomotives de ce constructeur que par l'accouplement des deux paires de roues de derrière. Ces machines sont employées sur plusieurs lignes au transport des trains de voyageurs à grandes vitesses, et font ce service avec une régularité remarquable.

Leurs principales dimensions sont les suivantes :

Diamètre des cylindres. 0ᵐ,38
Course des pistons. 0ᵐ,61
Diamètre des roues accouplées (les
   roues du milieu étant les roues
   motrices). 1ᵐ,70
Diamètre des roues de devant. . 1ᵐ,117
Largeur de la boîte à feu en cuivre
   intérieurement. 0ᵐ,914
Longueur de la boîte à feu en
   cuivre intérieurement. 1ᵐ,066
Longueur du corps de la chaudière. 4ᵐ,11
Diamètre vertical   id. 1ᵐ,066
Diamètre horizontal id. 0ᵐ,99
Distance entre les centres des
   roues extrêmes. 3ᵐ,554
Porte-à-faux par rapport à l'es-
   sieu de derrière depuis l'axe
   de cet essieu jusqu'à l'extré-
   mité du châssis en fer. 1ᵐ,860
Base fixe de la machine. . . . . 3ᵐ,554×1,50
Base élastique   id. . . . . . . 3ᵐ,554×1,249
Écartement des cylindres d'axe
   en axe. 1ᵐ,878
Longueur des bielles 1ᵐ,70
Longueur des barres d'excentrique. 1ᵐ,54
Longueur des châssis en fer. . . . 7ᵐ,06

Suivant que les chemins sur lesquels ces machines sont employées ont des rampes plus ou moins fortes, on diminue ou l'on augmente, dans la construction, le diamètre des roues accouplées, les autres dimensions restant, d'ailleurs, les mêmes que les précédentes ; c'est ainsi que pour les chemins à faibles rampes le diamètre des roues accouplées est porté à $1^m,828$, tandis que pour les chemins à rampes plus fortes le diamètre est réduit jusqu'à $1^m,52$.

Dans les conditions de travail ces machines pèsent 22 tonnes, la charge sur les deux paires de roues accouplées est estimée à 15 tonnes ; l'adhérence qui résulte de cette charge et les grandes dimensions des cylindres font aussi employer ce genre de machines au transport des trains de marchandises.

Lorsque les trains de marchandises sont très lourds, on fait alors usage de machines

à six roues accouplées, capables de remorquer de 600 à 700 tonnes sur les lignes à
pente faible et à des vitesses peu considérables. On a généralement renoncé en Angleterre à la disposition des cylindres extérieurs pour les machines à six roues accouplées.

Les dernières locomotives construites par
Stephenson, pour le service des voyageurs,
diffèrent des autres machines de ce constructeur par la position des cylindres et
celle des roues motrices. Ces dernières
sont situées près de la boîte à feu à 0^m28
à partir du centre de l'essieu et les cylindres sont placés entre la paire de roues du
milieu et la paire de roues de devant ; le
diamètre de ces roues est de $1^m,117$; quant
à celui des roues motrices, il a été porté
récemment à $2^m,13$ (7 pieds anglais) ; c'est
le plus grand diamètre qui ait été employé pour les roues motrices dans les lignes à largeur de voie ordinaire. Ces ma-

chines ont aussi de longues chaudières et sont semblables pour la disposition générale et pour les dimensions principales aux autres machines de Stephenson.

Les cylindres ont été rapprochés du centre de gravité de la machine pour en augmenter la stabilité et diminuer les mouvements d'oscillation qui sont surtout particuliers aux machines dont la boîte est en porte-à-faux. La position des roues motrices qui deviennent alors les roues de derrière est aussi préférable, puisque l'effet du poids en porte-à-faux, au lieu d'augmenter seulement la résistance due aux frottements des essieux, sert à produire une adhérence plus considérable des roues motrices sur les rails.

De la consommation d'eau des machines locomotives.

La consommation d'eau dans les machines locomotives augmente beaucoup avec la vitesse ; c'est qu'en effet la puissance de vaporisation des chaudières devient alors plus considérable, puisque le feu est d'autant plus activé par le jet de vapeur que la vitesse augmente ; toutefois, l'accroissement de cette consommation, dans le cas de grandes vitesses, est dû probablement aussi à ce que la portion d'eau qui est alors entraînée est plus forte que dans le cas de vitesses ordinaires.

Nous mentionnons ici quelques résultats d'expériences faites en Angleterre sur la consommation d'eau pour des vitesses et des charges différentes.

Dans une première expérience, la charge à remorquer était de 101,864 kil. La machine et le tender chargés d'eau et de coke pesaient :

Machine.	21,678 kilog.
Tender.	13,253
Charge totale. . . .	136,795 kilog.

56,717 mètres furent parcourus dans

une heure; les rampes étaient sur une portion de cette distance de 0,003 par mètre, la dépense d'eau pendant ce temps fut de 4643 litres, c'est-à-dire à raison de 1 litre 289 par seconde.

Dans une deuxième expérience, le poids à remorquer fut réduit à 66,955 kilog., la charge totale étant de 101 tonnes.

Avec cette charge et à une vitesse de 58 kilomètres à l'heure, la dépense d'eau fut de 5,460 litres, ou à raison de 1 litre 516 par seconde.

Au retour et avec la même charge que la précédente, les rampes étant alors un peu favorables au mouvement du train, la vitesse réalisée fut de 64 kilom. à l'heure, et la quantité d'eau consommée en 36 minutes fut de 2,943 litres, ou à raison de 1 litre 36 par seconde.

Dans une dernière expérience, la charge totale fut réduite à 72 tonnes, c'est-à-dire un peu plus de la moitié de la charge dans la première expérience, la vitesse obtenue fut de 69 kilomètres à l'heure, et la quantité d'eau dépensée pendant le même temps fut de 5,380 litres, ou à raison de 1 litre 494 par seconde.

La machine avec laquelle ces expériences ont été faites a les dimensions suivantes :

Diamètre des cylindres. . . . . $0^m,38$
Course. . . . . $0^m,56$
Diamètre des roues motrices. . . . . . $1^m,676$
Surface de chauffe par la boîte à feu. . $4^m,62$
Surface de chauffe par les tubes. . . . $68^m,56$

La consommation d'eau varie nécessairement aussi suivant la puissance des machines ; sur la ligne de Liverpool à Manchester, où l'on fait usage de machines dont les dimensions sont moindres que les précédentes, la consommation d'eau est, en moyenne, de 2,830 litres (100 pieds cubes) par heure, ou de 0 litre 786 par seconde, à des vitesses de 64 à 65 kilomètres.

3.

Les machines à voyageurs, sur cette ligne, ont les dimensions suivantes :

Diamètre des cylindres. . . . .   0^m,305
Course. . . . .   0^m,457
Diamètre des roues motrices. . . . . .   1^m,523
Surface de chauffe par la boîte à feu. .   4^m,46
Surface de chauffe par les tubes. . . .   42^m,55

Les dimensions des machines à marchandises ne diffèrent de ces dernières que par celles du diamètre et de la course des pistons.

Diamètre des cylindres. . . . .   0^m,330
Course. . . . .   0^m,508

Ces machines à marchandises sont toutes à cylindres intérieurs et les deux paires de roues de devant sont accouplées.

Le chemin de Liverpool à Manchester est de niveau sur presque toute la longueur ; la plus forte rampe est de 1^{mm},5 sur une distance de 6,400 mètres. La charge moyenne des trains de voyageurs est de 35 tonnes, celle des trains de marchandises est de 100 tonnes ; mais on fait souvent usage, sur cette ligne, de deux machines pour remorquer des trains de marchandises de 200 tonnes, et assez fréquemment de 240 tonnes.

La consommation de combustible sur la ligne de Liverpool à Manchester est de beaucoup inférieure à celle de toutes les autres lignes en Angleterre. La douceur des pentes de ce chemin et la puissance des machines qui y sont employées n'expliquent pas entièrement cette différence; c'est ainsi que cette consommation varie de $16^{liv.}7$ à 18 livres par mille, ou de 4 kilogram. 6, à 5,06 par kilomètre pour les trains de voyageurs; et pour les trains de marchandises, cette consommation est de 24 liv. 7 par mille, ou de 6 kil. 95 par kilomètre, tandis que dans l'un et l'autre cas elle est beaucoup plus élevée sur les autres lignes.

Des expériences qui ont été faites par M. Stephenson ont paru démontrer que pour faire mouvoir une machine et son tender à la vitesse ordinaire des trains de voyageurs, c'est-à-dire à raison de 48 à 50 kilomètres à l'heure, il fallait autant de coke que pour faire mouvoir une charge de 15 voitures à la même vitesse, ou, en d'autres termes, que la consommation pour le tender et la machine, mus sans charge additionnelle, était la moitié de celle qui avait lieu lorsque 15 voitures étaient ajoutées à la machine. Il résulte de là que la dépense en combustible n'augmente point proportionnellement au nombre de wagons qui entrent dans un train; elle ne diffère même pas considérablement quand le nombre des wagons varie du simple au double; supposons, par exemple, que pour un certain parcours la consommation de coke ait été de 2 tonnes avec 18 voitures; pour connaître ce que sera cette

consommation avec la même machine re-
morquant 9 voitures, il faudra établir la
proportion 2,000 : x : : $18 + 15 : 9 + 15$,
d'où $x = 1454$ kilogrammes.

En général, a représentant une voiture,
A la quantité de coke qu'il a fallu pour
parcourir une certaine distance avec un
nombre n de voitures, afin de connaître
quelle sera la quantité de coke nécessaire
pour le même parcours , le nombre de
voitures étant m, la proportion à établir
sera la suivante :

$$A : x : : a (n + 15) : a (m + 15)$$

$$x = \frac{A a (m+15)}{a (n+15)}.$$

RÈGLES PRATIQUES

SUR

L'ART DE CONDUIRE

LES

MACHINES LOCOMOTIVES.

———◄◆►———

1° De l'examen d'une machine locomotive avant de l'employer.

L'examen soigneux d'une machine locomotive sur le point d'être employée, et une judicieuse direction pendant qu'elle fonctionne, sont essentiels au développement du travail qu'on en attend et à la sûreté des voyageurs.

Quand une locomotive est en arrêt dans une station, avant le voyage qu'elle doit effectuer, le feu doit être soigneusement entretenu, les tubes nettoyés aux deux extrémités, et les barreaux de la grille débarrassés de toute scorie : le régulateur doit être bien fermé, et le levier qui le met en mouvement doit être assujetti avec le cadran ou le guide sur lequel il se meut, le frein du tender appliqué fortement sur les roues, le levier de changement de marche dans sa position moyenne, de manière à ce que les tiroirs ne puissent plus être commandés par les excentriques, les divers robinets des siphons ou réservoirs d'huile, et ceux des pompes alimentaires doivent être fermés ; la vapeur doit pouvoir s'échapper des soupapes de sûreté en maintenant sur celles-ci une pression moindre, d'environ une atmosphère, que lorsque la machine fonctionne sur la voie. Si le dégagement de vapeur par les soupapes de sûreté devient considérable, la communication entre le réservoir de vapeur et la caisse à eau du tender devra avoir lieu au moyen du robinet adapté ordinairement au sommet de la boîte à feu. Cette mesure n'étant point suffisante, il faudra ouvrir la porte de la boîte à fumée pour réprimer l'intensité du feu ; mais cette porte devra être fermée dix à quinze minutes avant le moment du départ.

Avant le départ de la locomotive avec le train, le mécanicien doit s'assurer de nouveau si la machine est en parfait état. Dans cette vue, il se placera au-dessous de la locomotive et examinera soigneusement les pièces du mécanisme en détail.

La bielle est une très importante pièce, et plus susceptible peut-être que toute autre à manquer par besoin d'un examen attentif. Les clavettes doivent être bien assujetties, les coussinets serrés s'ils ont trop de jeu, mais il faut craindre aussi de les serrer de manière à produire un frottement nuisible. Les écrous qui sont adaptés sur le côté des clavettes doivent être serrés, et celles-ci devraient, pour plus grande sûreté, avoir à leurs extrémités inférieures des goupilles fendues qui en traverseraient l'épaisseur.

Les clavettes qui lient les tiges des pistons aux glissières devraient être solidement fixées, aussi bien que les divers écrous, clefs ou autres genres d'attaches par lesquels les plongeurs des pompes alimentaires sont assujettis aux tiges des pistons.

Les roues doivent être parfaitement d'équerre avec les essieux. Les clefs qui fixent ces derniers aux roues doivent être chassées jusqu'au refus. Tous les boulons et goupilles par lesquels les pièces du mécanisme des tiroirs sont reliées ; les liens des barres d'excentrique, les tirants des tiges des tiroirs, le levier et la barre de changement de marche doivent fixer l'attention du mécanicien.

Les colliers des excentriques devraient

pouvoir fonctionner avec une suffisante
liberté, et les excentriques doivent être in-
variablement fixés dans leur exacte position sur l'essieu, ou les pulsations par le
tuyau d'échappement seront inégales. Si
quelque fuite a été observée dans les boîtes
à étoupe des tiges des pistons ou des tiroirs, ou quelque fuite d'eau des joints
des tuyaux alimentaires, les écrous de ces
boîtes à étoupe doivent être serrés, lors
même que ces fuites seraient très peu considérables pendant le stationnement de la
locomotive. Les parties frottantes et les
articulations des diverses pièces du mécanisme doivent être visitées avec soin
pour s'assurer qu'il ne s'y trouve aucun
grain de sable ou toute autre matière dont
la présence pourrait déterminer l'usure
rapide desdites pièces.

L'inspection du mécanisme de la machine étant complète, le mécanicien doit
examiner les extrémités des tubes de la

chaudière ; dans le cas d'une fuite abondante par un de ces tubes, il est prudent
d'y chasser un bouchon à chaque extrémité. Une petite quantité de suif de Russie doit de temps en temps être introduite
dans la boite à vapeur et les cylindres,
pour graisser les surfaces frottantes des
tiroirs et des pistons : l'introduction de ce
suif, à l'état liquide, se fait par des robinets disposés à cet usage sur la boite à
vapeur ou sur le couvercle des cylindres.
Les cendres doivent être enlevées de la
boîte à fumée, et la petite porte par laquelle a lieu ce nettoyage doit être très
exactement refermée.

Il est important que de temps en temps
une jauge représentant l'écartement qui
doit exister entre deux roues montées sur
le même essieu soit appliquée sur ces
roues ; une locomotive ne devrait jamais
être mise en service à la moindre inexac-
titude de ce genre, ou quand les roues ne

sont pas perpendiculaires à leur essieu.

Le mécanicien doit veiller à ce que les divers siphons ou réservoirs d'huile soient remplis avant de partir ; qu'il y ait des mèches de coton au sommet des petits conduits de chaque réservoir ; que ces mèches plongent dans l'huile et que les boîtes à graisse soient abondamment pourvues. Il devra enfin examiner les tiges des ressorts de suspension, les liens d'attache de ces derniers aux châssis, la barre d'attelage de la locomotive et du tender, et s'assurer que les chaînes de sûreté sont bien attachées.

Le tender doit être bien approvisionné en coke et en eau. Un mécanicien ne devrait jamais prendre la direction d'une locomotive sans connaître la quantité de coke et d'eau qu'il a à sa disposition. Il est impossible de fixer une règle générale qui détermine rigoureusement cette double consommation par kilomètre

avec la même machine , attendu qu'il
faudrait pouvoir tenir compte de l'étendue du travail que la locomotive doit
accomplir. Cependant l'expérience démon-
tre que l'approvisionnement de coke est à
peu près la moitié de celui de l'eau. La
quantité d'eau que la plupart des tenders
contiennent est ordinairement suffisante
pour parcourir avec sécurité une distance
de 40 à 50 kilomètres ; mais quand les
pentes sont fortes, la charge considérable,
et les arrêts fréquents, l'approvisionnement du tender doit être renouvelé plus
souvent. L'inconvénient qui résulte de la
nécessité d'avoir des arrêts fréquents, et
la dépense qu'entraîne l'établissement des
dépôts de coke et réservoirs d'eau , ont
amené plusieurs compagnies à préférer
l'emploi des tenders à six roues pouvant
contenir jusqu'à 5,500 litres.

Après un peu de pratique, l'examen
précédemment décrit occupe très peu de

temps : cet examen devrait être achevé et
la machine en tête du train, au moins cinq
minutes avant le signal du départ ; pendant ce dernier moment, le mécanicien
doit veiller à ce que le chauffeur alimente
avec une burette les divers siphons, qu'il
répande de l'huile sur les glissières et sur
toutes les parties frottantes qui ne sont pas
alimentées par des siphons ; les robinets
des réservoirs à huile doivent être ouverts
et les soupapes de sûreté doivent être chargées à la pression à laquelle la machine
doit fonctionner.

Afin de s'assurer d'une bonne inspection de la part du mécanicien, celui-ci
devrait, avant chaque départ, délivrer au
chef de la station un certificat constatant
qu'il a examiné sa machine et l'a trouvée
dans une bonne condition de travail.

Plusieurs objets devraient être constamment transportés sur le tender, comme
étant fréquemment exigés pour la con-

duite de la machine ou pouvant être d'un grand secours en cas de dérangement ou d'accident. Voici la liste de ces objets :

Une grande burette à huile et une ou deux de dimensions moyennes, un tube à huile, une boîte contenant du suif de Russie, une provision de chanvre et de vieux chiffons; des clefs s'adaptant aux principaux écrous et boulons, une clef anglaise. Une tringle pour nettoyer les tubes et une autre pour piquer le feu; un tisonnier terminé en forme de flèche pour enlever au besoin quelques barreaux de la grille et détruire le feu, une pelle et un rateau. Un certain nombre de bouchons en bois et en fer, une pince en fer pour mettre en place ces bouchons et un maillet d'environ 3 $\frac{1}{2}$ kilogrammes; deux burins, deux marteaux à main et une ou deux limes. Un approvisionnement des principaux boulons, écrous, clavettes et goupilles; une quantité de cordes et de ficelles de divers diamètres, quelques-unes goudronnées ; un sceau à incendie, deux fortes barres de fer pouvant servir de levier, une ou deux chaînes d'accouplement avec crochets, une chaine de hâlage, un tube en verre de rechange pour le niveau d'eau, plusieurs pièces en bois d'environ $0^m,60$ de long, $0^m,10$ de large et $0,08$ d'épaisseur, deux boulets à soupape et un cric.

2° De la conduite d'une Machine Locomotive sur la voie.

Dans la conduite d'une machine locomotive, il peut arriver plusieurs circonstances imprévues exigeant un discernement qui s'acquiert surtout par l'expérience. Dans les pages suivantes, nous nous sommes appliqué à exposer les principes essentiels sur l'art de conduire les machines locomotives.

En recevant le signal du départ, le mécanicien doit ouvrir légèrement le régula-

teur et laisser le train parcourir plusieurs
mètres, avant de l'ouvrir graduellement
jusqu'au point où il le juge nécessaire, en
tenant compte pour cela de la charge, de
l'état des rails et de l'atmosphère.

Les motifs pour lesquels l'ouverture du
régulateur doit être très faible en partant
sont : d'éviter aux voitures composant le
train une secousse qui pourrait être dés-
agréable aux voyageurs, ou même de briser
les liens d'attache qui relient les voitures
entr'elles, d'empêcher les roues motrices
de patiner ; leur adhérence n'étant point
suffisante pour vaincre l'inertie du train,
quand la puissance complète de la vapeur
est employée presque instantanément ; et
enfin parce que l'ouverture non graduée
du régulateur détermine l'entraînement
de l'eau de la chaudière dans les cylindres
et par suite dans la cheminée, circonstance
qui est signalée par les mécaniciens en
disant que la machine crache. Il arrivera

souvent, le régulateur étant ouvert comme
nous venons de l'indiquer, que la machine
crachera, lorsqu'elle ou son tender vien-
dront de subir une réparation ; l'huile et
la graisse seuls produisent cet effet. Une
locomotive qui aura stationné quelques
instants pourra aussi en repartant dégager
de l'eau par la cheminée, si le régulateur,
ne fermant pas très bien, laisse échapper
de la vapeur qui se condensera dans les
cylindres ou dans les boîtes à vapeur.
Lorsqu'une machine crache, les robinets
purgeurs des cylindres doivent être ouverts
immédiatement ; c'est une précaution à
laquelle le mécanicien doit songer chaque
fois qu'il se remet en marche.

En quittant une station, et fréquemment
sur la voie, il doit regarder en arrière
pour observer le train, voir si le mouvement en est régulier et le tout en bon
ordre.

Le mécanicien doit alors se tenir debout

sur la plate-forme de la machine, place
qu'il ne doit jamais quitter, à moins que
ce ne soit pour aller examiner de temps en
temps le mécanisme. Dans ce cas, le chauffeur doit prendre le commandement de la
machine en suivant les instructions qui
lui sont données par le mécanicien. Ce
dernier devrait autant que possible, lorsqu'il est sur la plate-forme de la locomotive, être dans une position telle qu'il
pût manœuvrer, sans changer de place,
le levier de changement de marche, le sifflet et le régulateur, comme étant les parties de la machine dont il a le plus à faire
usage au premier signal qu'il aperçoit, ou
à la moindre cause dont il se doute. Sa
main doit être sur le levier qui manœuvre
le régulateur, et étant parvenu à une
bonne vitesse, il doit essayer d'en diminuer l'ouverture de manière à économiser
de la vapeur sans retarder le train ; mais
si la machine est à détente variable, ainsi

que la plupart des nouvelles machines le
sont aujourd'hui, le mécanicien doit, au
lieu de réduire la section du régulateur,
faire varier la course des tiroirs de manière à intercepter plus tôt la vapeur dans
les cylindres et prolonger par conséquent
la période de détente. La réduction de la
section du régulateur détermine une perte
dans l'effet utile de la vapeur dépensée par
suite d'une plus grande résistance que
celle-ci éprouve pour se rendre dans les
cylindres.

Lorsque le train a atteint une bonne
vitesse, les pulsations de la machine par
le tuyau d'échappement sont assez multi-
pliées pour permettre d'augmenter la section de ce tuyau à l'orifice de sortie.
Le mécanicien doit, tout en ayant soin
de conserver une active combustion, cher-
cher à accroître autant que possible la section du tuyau d'échappement en raison
des motifs mentionnés précédemment. Ses

yeux doivent être constamment dirigés sur les rails en avant, de manière à ce qu'il soit immédiatement instruit du moindre obstacle qui viendrait à se présenter; et, en même temps, la plus grande attention doit être accordée au maintien d'une quantité suffisante de vapeur. Ce résultat indispensable peut être obtenu facilement en choisissant le moment opportun pour l'alimentation de l'eau et du coke, et en se rendant compte des quantités employées chaque fois.

L'alimentation de l'eau a lieu en ouvrant des robinets qui permettent aux pompes d'agir; et le niveau de l'eau dans la chaudière est ordinairement indiqué par un tube en verre placé en avant sur la boîte à feu et par trois robinets placés sur le côté. Ces derniers, appelés robinets-jauges, doivent être ouverts de temps en temps (particulièrement dans les moments d'arrêt), comme apportant une indication plus correcte que ne le fait le tube en verre de la quantité d'eau et de vapeur.

Une seule pompe pourrait, dans la plupart des machines, fournir autant d'eau ou peut-être plus qu'il n'en serait exigé en raison de la dépense de vapeur, de sorte qu'en employant l'une ou l'autre des pompes, ou toutes les deux en même temps, le mécanicien a la faculté de régler à volonté la hauteur de l'eau dans la chaudière.

Il peut être admis comme une règle invariable que de l'eau seule devrait s'échapper en ouvrant le plus bas des robinets-jauges, situé de $0^m,025$ à $0^m,030$ au-dessus du sommet de la boîte à feu intérieure, afin qu'il y ait assez d'eau au-dessus de la plaque supérieure de la boîte à feu et des tubes pour qu'ils ne puissent être brûlés ; très peu de locomotives, excepté celles auxquelles seront adaptés de grands dômes ou réservoirs de vapeur, pourront maintenir le niveau de l'eau au-dessus du plus haut des robinets-jauges sans cracher ; le niveau de l'eau devrait donc être entre le plus bas et le plus haut des robinets, en variant entre ces deux points suivant qu'une dépense de vapeur plus ou moins grande serait nécessaire.

Le niveau de l'eau est plus élevé quand la machine court que lorsqu'elle est en arrêt : une bonne hauteur à maintenir pour la plupart des machines, et quand de l'eau seule s'échappe du robinet du milieu pendant la marche, ou de la vapeur mélangée d'eau quand la machine est arrêtée. Le mécanicien est quelquefois obligé de maintenir un niveau plus bas, s'il a une forte charge à remorquer ; mais il est toujours préférable d'avoir un niveau aussi haut que possible.

Quand une variation a lieu dans la pression de la vapeur, un changement correspondant s'opère dans le niveau de l'eau, si la pression de la vapeur s'élève ou s'abaisse, la hauteur de l'eau s'élève ou s'abaisse simultanément. Partiellement, pour cette raison, ainsi que pour favoriser la production de la vapeur, les pompes alimentaires ne doivent point fonctionner quand une machine démarre. La connaissance de ce fait montre aussi la nécessité d'avoir de l'eau au-dessus du niveau ordinaire avant de permettre un décroissement dans la pression de la vapeur.

Lorsqu'une locomotive est sur un plan incliné, la hauteur de l'eau dans la chaudière doit être un peu plus grande, afin que les bouts des tubes près de la cheminée soient toujours recouverts d'eau.

Le moment le plus favorable pour faire agir les pompes alimentaires est quand la vapeur se dégage avec force des soupapes de sûreté et le feu très vif; et le moment le moins favorable est quand la pression de la vapeur s'abaisse et le feu peu ardent.

Un mécanicien devrait diriger sa machine de manière à n'avoir point à alimenter dans le dernier cas, parce que l'introduction de l'eau dans la chaudière diminue rapidement la pression de la vapeur. Il doit autant que possible, en faisant fonctionner les pompes, profiter du passage des rampes descendantes et des moments qui précèdent l'arrivée aux stations où le train doit être arrêté.

Afin de connaître la pression de la vapeur, la main doit être appliquée de temps en temps au-dessus du levier des soupapes de sûreté, ou en agissant en sens inverse suivant que la vapeur est au-dessus ou au-dessous de la pression à laquelle la machine doit fonctionner. Une très petite pratique rendra bientôt une personne capable de juger de l'étendue de la différence en plus ou en moins.

Les deux pompes alimentaires ne doivent point commencer à agir en même temps.

L'eau dans la chaudière ne devrait jamais être à un niveau bas quand la machine arrive sur quelque partie de la ligne où un accroissement de travail est exigé ; la production de vapeur étant plus abondante lorsque les pompes n'agissent point.

Quand les pompes travaillent, le mécanicien doit, par les robinets d'essai, voir si elles agissent librement : l'eau sortant de ces robinets devrait être en jets intermittents ; il arrive souvent qu'au commencement de l'alimentation, de l'eau chaude avec un peu de vapeur s'échappe des robinets d'essai ; si cela continue, on peut en conclure que le clapet supérieur n'agit point ; et si l'eau s'échappe à jet continu, sans intermittence, c'est le clapet inférieur qui est en mauvais état. Dans l'un ou l'autre cas, il ne serait point prudent de se fier à une pompe fonctionnant ainsi ; mais celle-ci pourra être très souvent remise en bon état, en continuant à la laisser travailler quelques instants, le robinet d'essai étant ouvert, ou en le fermant et l'ouvrant alternativement.

Le coke est mis sur le feu par le chauffeur, à l'ordre du mécanicien, qui doit tenir la chaîne de la porte du foyer pour refermer cette porte pendant que le chauffeur charge sa pelle. Celle-ci doit être bien remplie et le coke distribué également sur le foyer.

Dans la plupart des machines, le combustible ne doit point dépasser le niveau inférieur de la porte du foyer, et si le combustible descend jusqu'à être situé de 0,15 à 0,20 au-dessous du niveau indiqué, il ne faut point s'attendre à ce que la pression de la vapeur se maintienne, si la charge est assez forte.

L'alimentation du combustible doit avoir lieu aussi régulièrement que possible, et de manière que le coke ajouté soit en pleine incandescence au moment où la dépense de la vapeur doit être augmentée. Comme l'addition du combustible cause une réduction temporaire dans l'intensité du feu, cette alimentation ne devrait jamais avoir lieu avant d'arriver à un plan incliné ou toute autre partie de la voie où une plus grande puissance est exigée; mais en montant un plan incliné d'une certaine étendue, le coke pourrait être graduellement ajouté, quand la machine commence à faire entendre des pulsations bruyantes et nettes; le tirage est alors puissant, et une alimentation régulière du combustible est exigée pour maintenir le feu.

Dans d'autres circonstances, pourvu que le feu soit assez bas pour qu'il y ait lieu d'ajouter du combustible, le temps le plus favorable à l'alimentation est quand le niveau de l'eau est suffisamment élevé pour supprimer l'action des pompes, la vapeur s'échappant légèrement des soupapes de sûreté et la machine voyageant à une bonne vitesse.

Aucune instruction précise ne peut être donnée quant à l'intervalle qui doit séparer deux chargements successifs de coke, attendu que cela varie suivant l'étendue de travail que doit effectuer la machine, et conséquemment suivant la quantité d'eau qui doit être évaporée : dans le cas de fortes charges et de pentes considérables, l'alimentation de coke peut avoir lieu tous les 3 à 4 kilomètres ; tandis que, dans des circonstances contraires, une machine peut parcourir 24 à 25 kilomètres avant d'exiger une nouvelle addition de coke.

Le feu ne devra pas avoir toute son intensité avant d'arriver à un plan incliné que la machine aura à descendre, et pendant le parcours duquel la vapeur sera peu ou ne sera pas employée. — Au commencement de la descente, le foyer devra recevoir un chargement de coke, qui sera en pleine combustion lorsque le train aura atteint la partie inférieure du plan incliné.

S'il y a lieu de maintenir la pression de la vapeur, il ne faut point alimenter à la fois en eau et en combustible.

Pendant la marche du train, le chauffeur doit, de temps en temps, enlever les cendres des tubes par la porte du foyer, de manière à conserver toujours un bon tirage.

En observant les règles précédentes pour l'alimentation de l'eau et du coke, une suffisante pression et quantité de vapeur sera produite. Le mécanicien doit étudier constamment à économiser la vapeur; dans cette vue, la machine étant à détente variable, il doit prolonger graduellement la période de détente aussitôt que le train

a acquis la vitesse prescrite; ou si la machine ne possède point ce dernier avantage, l'ouverture du régulateur devra être
alors considérablement réduite. Et comme
une diminution dans la consommation de
vapeur est suivie d'une diminution correspondante dans la quantité de coke con-
sommé, l'habileté du mécanicien devrait
être constamment dirigée à la réduction
de cette consommation qui est une des
plus lourdes charges dans l'exploitation
d'un chemin de fer.

Si la production de vapeur vient à être
surabondante, il faut ouvrir la porte du
foyer et faire agir les pompes alimentaires; si, au contraire, cette production
devient momentanément insuffisante, le
mécanicien doit ralentir la vitesse de la
machine pendant quelques instants, prolonger la période de détente ou tenir le régulateur partiellement ouvert, et augmenter
progressivement l'alimentation du coke.

Lorsque le niveau de l'eau dans la chaudière est élevé , plusieurs machines com-
mencent à cracher, particulièrement après
plusieurs jours de service. Quand cela arrive, l'ouverture du régulateur doit être
diminuée, la porte du foyer et les robinets
purgeurs des cylindres ouverts : si la
hauteur de l'eau dans la chaudière le permet, le robinet de vidange peut être ouvert pendant quelques secondes, afin de
se débarrasser des dépôts sédimentaires et
d'autres matières en suspension dans
l'eau. Ce dernier moyen est d'une grande
efficacité pour nettoyer les chaudières,
mais il exige de la part du mécanicien
l'attention la plus soutenue pour ne point
brûler la boîte à feu et les tubes, en laissant descendre trop bas le niveau de l'eau.

Le mécanicien doit souvent regarder
aux principales pièces du mécanisme, de
manière à s'assurer qu'il fonctionne avec
régularité ou à pouvoir apporter à la pro-

chaine station les rectifications qu'il a jugées nécessaires pendant la marche.

En approchant d'une station où l'on doit arrêter, l'ouverture du régulateur sera graduellement diminuée à environ 1 kilomètre de la station, de manière à ce que le train soit davantage sous le contrôle des hommes qui en ont la charge, et lorsque arrivé à une distance de 400 à 800 mètres, suivant la vitesse et le poids du train, la vapeur devrait être entièrement interceptée dans les cylindres, et le train amené au repos par les freins. En approchant des stations principales ou des stations d'arrivée, la vapeur devrait être interceptée à une plus grande distance que pour les stations intermédiaires, afin de prévenir la possibilité de dépasser le point d'arrivée par suite de l'impuissance des freins ; il faut aussi se rappeler que les freins agissent beaucoup moins efficacement par un temps humide ou lorsqu'il y a du verglas , et dans ce cas le régulateur doit être fermé à une plus grande distance des stations. L'usage de renverser la distribution de la vapeur, c'est-à-dire de faire agir les excentriques de la marche en arrière lorsque la machine est lancée dans l'autre direction, doit être évitée autant que possible; le levier de changement de marche peut être mis dans la position moyenne, où les tiroirs n'agissent plus; mais il ne devrait jamais être placé à la position correspondante de la marche en arrière, à moins que ce ne soit d'une absolue nécessité pour l'arrêt du train.

Aux stations intermédiaires, le chauffeur doit mettre de l'huile sur les divers tourillons et coussinets non alimentés par des siphons, remplir les réservoirs qui sont adaptés aux bielles, glissières, etc.; et, si quelques-uns des tourillons et coussinets sont chauds, ils doivent être copieusement fournis d'huile, en desserrant les coussinets si c'est nécessaire. Il doit aussi examiner rapidement les pièces du mouvement de distribution. Une attention toute particulière doit être donnée aux fusées des essieux, particulièrement à celles de l'essieu moteur, qui deviennent quelquefois si brûlantes qu'il faut y répandre de l'eau pour les refroidir.

Dans le cas où les roues motrices glissent beaucoup sur les rails en partant d'une station, l'ouverture du régulateur doit être réduite, et seulement graduellement ouverte à mesure que l'adhérence augmente; le chauffeur est quelquefois obligé de répandre des cendres ou du sable sur les rails en avant des roues : quelques machines sont maintenant fournies d'un récipient en forme d'entonnoir, et approvisionné de sable qui peut être distribué sur les rails au moyen d'une petite manivelle à la portée du mécanicien.

Si le glissement des roues sur les rails a souvent lieu, on peut en conclure qu'il n'y a point un poids suffisant sur les roues motrices, et les ressorts doivent être tendus par les* écrous adaptés sur les liens d'attache avec le châssis : ou si ces liens ne présentent point cette facilité, la tige sur laquelle s'opère la suspension devra être allongée à la première rentrée de la machine dans l'atelier. Un poids trop faible sur les roues de devant et de derrière est indiqué par le balancement de la machine; il y sera remédié de la même manière que pour les roues motrices.

Le régulateur doit être graduellement et complétement fermé, quand la machine ou le train se balance et galope violemment, au passage d'une série d'aiguilles et de croisements de voie, dans les courbes d'un petit rayon, particulièrement si deux courbes se suivent en formant un S, dans les parties de la ligne nouvellement éta-

blies, ou en état de réparation, et en descendant des plans dont l'inclinaison seule
pourrait, sans l'emploi de la vapeur, im-
primer au train une vitesse de 40 à 50 kilomètres à l'heure. Si, en descendant un
plan incliné, la vitesse est plus grande
que celle que nous venons d'indiquer, il
sera prudent de la réduire en appliquant
légèrement les freins.

Sur les chemins de fer, il y a une limite prescrite pour la pression de la vapeur, et aucune considération ne devrait
induire le mécanicien à user la vapeur à
une plus haute pression, en surchargeant
le levier des soupapes de sûreté ou à exer-
cer une pression au-delà d'un moment.

Quand il y a deux soupapes de sûreté,
comme c'est généralement le cas, celle qui
est en dehors d'atteinte peut être réglée à
la pression limite, et celle qui est à la
portée du mécanicien a une pression un
peu moindre. Au-dessous de chaque le-

vier des soupapes devrait être placé un arrêt sur la partie vissée de la tige de la balance à ressort, de manière à ce que les soupapes ne pussent pas être imprudemment chargées au-dessus de la pression prescrite par le règlement.

Le sifflet à vapeur ne devrait être mis en jeu qu'avec une extrème réserve, puisqu'il sert souvent à indiquer la présence du danger ; mais la facilité d'en obtenir des sons variés l'a fait employer comme un fréquent moyen de correspondre entre le mécanicien, les gardes du train et les chefs de station. C'est ainsi, par exemple, que sur plusieurs lignes en Angleterre deux coups de sifflet peu prolongés indiquent au moment du départ l'ouverture du régulateur ; trois coups semblables, lorsque le train est lancé, est un signal fait aux hommes qui ont la charge du train de serrer les freins des voitures. Dans les cas de danger, au contraire, les

coups de sifflet sont prolongés et l'émis-
sion de vapeur plus abondante, afin d'obtenir des sons très énergiques.

Près de la fin d'un voyage, très peu de
feu est nécessaire, et les deux pompes pour-
raient alimenter pendant une courte distance avant d'arriver à la station, à moins
que la machine ne doive immédiatement re-
partir. Si elle doit rester environ 1 heure
à la station, l'eau doit être située, en arrivant, au-dessus du robinet-jauge intermédiaire. Il faut, dans ce cas, faire jouer les
deux pompes de 800 à 1200 m. avant d'arrêter. La pression sur les soupapes de sûreté devra être diminuée d'environ 1 atmosphère lorsque la machine stationnera.

Si le train est amené dans la station au
moyen d'une corde, le plus grand soin doit
être pris pour étendre graduellement la
corde par une douce avance de la machine,
qui devra être arrêtée à un signal fait de
la part de l'homme qui dirige la corde.

Il serait prudent de procéder à l'examen dont nous avons parlé en commençant, aussitôt que la machine arrive à la station, afin d'avoir bien le temps de faire toutes les petites réparations ou d'opérer le serrage des diverses clavettes, etc.

Quand une machine est à parcourir son dernier voyage pour la journée, le mécanicien ne doit point ajouter de combustible les derniers 15, 20 ou 30 kilomètres, suivant que la charge est lourde ou légère ; le feu pourrait être presque entièrement consumé au moment où la machine est arrêtée, si, en arrivant, les pentes sont favorables au mouvement du train. — A une assez grande distance avant d'arrêter, les deux pompes devraient fonctionner de manière à ce que l'eau dans la chaudière fût au dessus du plus haut des robinets-jauges. La machine étant amenée au repos, la pression sur les soupapes doit être considérablement réduite.

Le feu est enlevé en ayant soin d'arrêter la machine au-dessus d'une fosse, introduisant par la porte du foyer un tisonnier, terminé en forme de flèche, à travers les barreaux de la grille, et en en retirant 2 ou 3 de manière à avoir assez de place pour faire tomber le reste du feu.

La pratique de vider la chaudière par la pression de la vapeur ne devrait jamais être suivie, sans un ordre spécial de la part de l'ingénieur ou du chef d'atelier. Cet ordre ne devrait être donné que lorsqu'une chaudière est très malpropre. Ce moyen, souvent répété, détériorerait rapidement la boîte à feu et les tubes.

3° De la direction d'une machine locomotive en cas d'accident.

Une machine est susceptible de plusieurs accidents pendant qu'elle fonctionne, et il est important que le mécanicien sache comment agir promptement dans les diverses circonstances qui peuvent se présenter. Dans les pages suivantes plusieurs cas sont énumérés, avec les précautions qui doivent être prises dans chacun.

Si un tube vient à crever, le mécanicien doit arrêter la machine et chasser un bouchon à chaque extrémité du tube. Il arrive souvent que la vapeur et l'eau s'échappent avec une telle violence, qu'il est impossible même de découvrir le tube défectueux. En continuant à marcher pendant une courte distance et en faisant fonctionner les pompes, la pression de la vapeur sera peut-être suffisamment réduite pour que le mécanicien puisse travailler avec sûreté ; mais si la fuite de vapeur et d'eau est trop grande pour qu'il en soit ainsi, la machine et le train étant conduits, s'il est possible, dans une voie d'évitement, on retirera immédiatement le feu pour ne pas brûler la boîte à feu et les tubes. Quand le niveau de l'eau sera descendu jusqu'au tube défectueux, il pourra y être facilement chassé un bouchon aux deux extrémités, et un nouveau feu sera alors disposé sur la grille. — S'il n'était point possible de conduire la machine et le train dans une voie d'évitement, il faudrait alors éteindre le feu avec de l'eau prise dans le tender au moyen du sceau à incendie.

Une fuite par un tube pourra fréquemment être très abondante sans exiger absolument l'arrêt du train; mais, dans ce cas, la vapeur doit être bien économisée et le feu maintenu avec peu d'intensité.

L'accident d'un tube qui vient à crever ou d'autres causes feront prendre feu quelquefois à l'enveloppe en bois recouvrant la chaudière. Il sera facile d'y apporter remède, en y jetant de l'eau prise dans le tender.

De la chute d'une des pompes alimentaires. — Dans ce cas, une suffisante

alimentation peut , avec soin, être main-
tenue par une pompe seulement. L'alimentation de coke doit alors être très régulière, et non en grandes quantités; et
la vapeur économisée, ou le niveau de
l'eau, pourrait descendre bas. La pompe
doit être réparée aussitôt que possible ;
cette réparation peut fréquemment être
faite dans l'intervalle de deux voyages.

De la fracture d'un ressort. — C'est un
accident qui n'oblige pas à l'arrêt du train;
mais comme le jeu de la machine, dans un
tel état, pourrait en augmenter la gravité,
le mécanicien doit, particulièrement dans
les mauvaises parties de la voie, réduire
de beaucoup la vitesse; si cette fracture
est considérable, et ne peut être réparée
aux stations, la machine doit cesser d'ê-
tre employée aussitôt que possible.

*De la rupture d'une bielle ou de sa dis-
jonction par la perte de ses clavettes, fracture des chappes, etc.* — Cet accident ou

toute disjonction qui permet au piston d'ê-
tre chassé d'une extrémité à l'autre du cylindre sans aucune réserve, cause un très
grand dommage au cylindre et à ses cou-
vercles. Et si la bielle est entièrement détachée à l'une de ses extrémités, elle affec-
tera sérieusement les diverses pièces du
mouvement de distribution, ou pourra
même causer le renversement de la machine en dehors de la voie. A un accident
de ce genre, la machine doit être immédiatement arrêtée, et la bielle remise en
place s'il est possible.

Cela ne pouvant être fait, la bielle doit
alors être enlevée de la machine, et la ten-
tative de marcher avec un seul cylindre
pourra avoir lieu si le train est sur niveau ou sur une rampe descendante ; la
tige du tiroir du cylindre non employé
doit être détachée des liens qui la relient
au levier de l'arbre de distribution, ou à
la barre d'excentrique, et le tiroir doit

être disposé au milieu de sa course de manière à couvrir les deux lumières d'introduction de la vapeur dans le cylindre.

S'il était impraticable de mouvoir le train, la machine seule pourrait être dirigée pour réclamer du secours ; mais dans tous les cas où elle doit rester stationnaire, il faut que le feu soit enlevé aussitôt que le niveau de l'eau est descendu à la hauteur du plus bas des robinets-jauges.

De la fracture ou du décallage d'un des excentriques, ou de quelque pièce du mouvement de distribution. — Si la réparation ne peut être entreprise immédiatement, l'essai doit être fait, comme dans le cas précédent, pour marcher avec un seul cylindre. Les anciennes machines à manettes avaient sur les machines actuelles l'avantage de pouvoir distribuer la vapeur dans les cylindres lorsqu'il survenait un dérangement dans le mécanisme pour le mouvement des tiroirs.

De la fracture de la bride du tiroir. — Cet accident rend inutile le cylindre du côté où cette fracture a lieu, sans affecter l'autre côté. La tige du tiroir doit alors être détachée du levier qui la met en mouvement, et le tiroir placé au milieu de sa course, pour essayer de continuer à marcher avec un seul cylindre.

De la séparation d'un piston avec sa tige par la fracture de la clef qui réunit la tige du piston à ce dernier. — Cet accident est quelquefois causé en fermant précipitamment le régulateur, quand la machine fonctionne encore avec une grande vitesse et remorque une lourde charge. Dans ce cas, le tiroir doit être détaché et disposé au milieu de sa course, et la tige du piston séparée de la bielle. Cette dernière pièce doit être enlevée afin de ne point endommager le mécanisme de la distribution de vapeur.

Rupture d'un essieu ou décalage d'une

roue de wagon ou de tender. — Le mécanicien doit dans ce cas faire en sorte d'arrêter le train avant de passer un pont ou
tout autre travail d'art. Cette précaution
peut être d'une grande importance si, par
suite de la rupture de l'essieu, le wagon
est fortement incliné. En attendant l'arrivée du truck de secours, on pourra procéder de la manière suivante : caler les
boîtes à graisse des roues qui doivent être
conservées en forçant les cales dans la
partie vide de la plaque de garde, immédiatement au-dessous de la boîte à graisse,
enlever les boulons des barres de liaison
des plaques de garde, caler solidement sur
les rails les roues de l'extrémité opposée
à l'essieu que l'on veut enlever; placer
les verrins ou crics à l'arrière de ce dernier ; soulever le wagon également de
chaque côté, pour ne pas le déverser, jusqu'à ce qu'on puisse enlever l'essieu et
ses roues, et les remplacer.

7.

De la rupture d'un essieu de machine.— Le mécanicien doit, lorsqu'il s'en aperçoit, arrêter immédiatement sa machine en donnant aussitôt aux gardes du train le signal d'appliquer le frein aux voitures. L'arrêt du train doit être continué jusqu'à l'arrivée d'une machine de secours.

De la rupture d'un bandage de roue.— Cet accident est assez souvent arrivé aux machines dont les roues sont recouvertes d'un bandage en acier, et a eu quelquefois des conséquences très graves occasionnées par la séparation de cette pièce en plusieurs parties qui ont été projetées en pénétrant dans l'intérieur des voitures.

La rupture d'un bandage en fer offre moins de gravité, parce qu'il n'arrive pas alors que cette pièce se sépare en plusieurs morceaux. Un accident de cette nature arriva, au mois de décembre 1846, sur la ligne de Leeds à Manchester ; le bandage qui appartenait à l'une des roues motrices

était en fer et n'avait que fort peu servi;
la cassure était fraîche dans toute l'épaisseur, et indiquait un fer de mauvaise
qualité, contrairement à ce qui existe ordinairement pour la qualité de fer à bandages dont on se sert en Angleterre, et particulièrement dans le comté du Yorkshire.
Dans l'accident que nous venons de men-
tionner, le bandage se déroula en partie à
l'une des extrémités, et vint buter contre
la partie cylindrique de la chaudière ; c'est
du moins dans cet état que le bandage se
trouvait quand le train fut arrêté ; la machine et les voitures étaient restées sur les
rails. Le mécanicien ne pouvant faire
aucun usage de sa machine pour la faire
mouvoir en avant ou en arrière, éteignit
immédiatement le feu avec de l'eau prise
dans le tender, et pendant que la machine de secours arrivait, la partie du
bandage qui s'opposait à son déplacement
pût être enlevée. Cet accident ne causa

au train qu'un retard de vingt minutes.

Un mécanicien doit cesser de faire usage de sa machine lorsqu'il aperçoit à l'un des bandages un commencement de rupture.

La machine sortant de la voie. — Avec un mécanicien qui conduit soigneusement, observant bien la position des aiguilles, les signaux qui lui sont faits et arrêtant quand il aperçoit une cause de danger sur un point de la ligne, c'est un accident qui arrive fort rarement. Si la machine vient à sortir de la voie sur un terrain résistant et près des rails, elle peut être ramenée bientôt sur ces derniers à l'aide de crics, de pinces en fer ou de leviers ; mais si le déraillement a lieu sur un terrain mou ou loin des rails, le feu doit être enlevé et une constante attention donnée, pour empêcher la machine d'enfoncer profondément dans le terrain.

La machine doit d'abord être séparée du tender, qui, étant d'un poids bien moindre, peut être facilement replacé sur la voie; si la machine est tombée sur un de ses côtés, il faut aussitôt que possible la remettre dans sa position verticale; pour cela faire, une prise doit être obtenue sous le châssis vers le côté le plus bas, en deux endroits si cela se peut. Deux longs leviers d'un bois dur seront amenés à agir sur ces deux points, et plusieurs hommes placés à chacun des leviers. A mesure que la machine est graduellement soulevée par ces derniers, chaque mouvement doit être suivi et assisté par des crics reposant à la partie inférieure sur des madriers d'une bonne largeur. Aussitôt que la machine occupe la position verticale, elle doit être solidement étayée par des madriers placés au-dessous du châssis; la terre peut alors être, avec précaution, éloignée de dessous les roues, et une longueur de rails introduite, en prenant soin de bien assujettir ceux-ci sur des blocs précédemment posés. La même opération sera faite pour l'autre côté des roues, et des traverses devront être chassées de distance en distance au-dessous des deux lignes de rails, afin d'en assurer la fondation ; un chemin de fer temporaire pourra être continué jusqu'à la voie principale sur laquelle la machine devra être transportée.

Dans tous les accidents qui obligent à arrêter le train sur la voie principale, il est de la plus haute importance qu'une personne soit immédiatement envoyée en arrière sur la ligne à environ 1200 mètres, pour signaler par tous les moyens possibles l'obstruction de la voie.

Les qualités personnelles essentielles à un mécanicien sont : la sobriété, l'activité, l'attention, l'exactitude et la présence d'esprit; il doit avoir une conduite uniforme et régulière, et pratiquer une incessante observation lorsqu'il est dans l'exercice de ses occupations. Toutes les fois que ces qualités sont combinées avec une exacte connaissance de la construction des machines locomotives et des principes sur l'art de les conduire, elles tendent à un haut degré à rendre les chemins de fer le mode de voyager le plus agréable, le plus économique, aussi bien que celui qui présente le plus de sécurité.

RÉGLEMENT

Adopté par la compagnie du chemin de fer de Londres à Croydon sur les conditions que doit remplir un candidat à l'emploi de conducteur de machines locomotives.

1° Le candidat ne doit pas avoir au-dessous de 21 ans, et doit produire un certificat témoignant qu'il est d'une forte constitution et a des habitudes laborieuses.

2° Il doit être capable de lire et d'écrire, et, autant que possible, de comprendre les premiers principes de mécanique.

3° Ce sera une grande recommandation s'il a été apprenti dans quelques arts mécaniques, spécialement comme ajusteur dans un atelier de construction de machines locomotives; il doit produire des témoignages établissant ses qualifications.

4° Si le candidat a été ajusteur ou conducteur d'une machine fixe, il doit, pour plusieurs mois au moins, avoir été chauffeur sur une machine locomotive, sous la direction d'un laborieux et compétent mécanicien ; et, avant de lui confier la direction d'une machine, il doit produire un certificat de l'ingénieur du matériel, ou au moins du mécanicien sous lequel il a travaillé, exprimant une entière confiance dans les connaissances du candidat sur la construction des machines locomotives et l'art de les conduire.

5° Si le candidat n'a point été ajusteur ou conducteur d'une machine fixe, il doit avoir été employé au moins deux ans comme chauffeur sur une machine locomotive, et satisfaire aux autres précédentes conditions.

6° Si les membres du conseil d'administration l'exigent, pour plus grande sécurité, le candidat doit se soumettre aux épreuves d'un examen de la part de l'ingénieur en chef, de l'ingénieur du matériel de la compagnie ou d'une autre personne compétente, quant aux connaissances relatives à la construction des machines et aux principes sur la manière de

les conduire, un procès-verbal du résultat
de l'examen doit être dressé, signé par l'exa-
minateur et présenté au conseil d'administration.

7° L'ingénieur en chef ou l'ingénieur du
matériel du chemin de fer sur lequel le candidat est désireux d'être employé, signera un
certificat établissant qu'il a eu un long entretien avec ce dernier, l'a vu conduire une machine locomotive, et a confiance dans ses habitudes laborieuses et son habileté.

8° Avant de prendre la responsabilité d'une
machine et d'un train, le candidat doit conduire pendant plusieurs jours sous la direction
d'un mécanicien expérimenté, qui doit certi-
fier de l'habileté du candidat.

9° Tous les certificats et témoignages doivent être déposés au secrétariat de la compagnie, qui les restituera au propriétaire, lorsqu'après avoir terminé son engagement il
quittera le service de la compagnie.

Coût de la puissance des machines locomotives sur le chemin de Newcastle à Carlisle; distance environ 100 kilomètres.

(Le parcours journalier de chaque locomotive est d'environ 200 kilomètres.)

Par semaine et par machine :

4,500 litres, huile.	5 f. » c.
1,812 kilogr., suif.	2 »
1,812 d° chiffons.	1 15
1. » d° chanvre.	0 90
0,500 d° minium.	0 35
Ficelle.	0 30
Feuille de plomb pour les joints. . . .	1 25

Coke :

14 machines consomment par semaine 136,987 kilog. à 10 f. 90 c. les 1,000 kilog.

Pour une machine par semaine. . . .	106	60
Transport de coke par la compagnie à diverses stations et à raison de 0,046 par tonne et par kilomètre.	19	65

Eau. Achat et dépense des pompes. . . . 12 50
Mécanicien et chauffeur. 68 75
Menuisiers. 3 40
Ajusteurs. 13 40
Forgerons. 23 10
Bois de chêne et de sapin. 3 85
Barreaux de grille. 5 90
Une collection de tubes pour une
  machine dure en moyenne trois
  ans et coûte. 3,200
Déduisant la valeur des vieux tu-
  bes. 750
                                         2,450

La somme de 2,450 f. pour trois ans
  fait par semaine. 15 70
  Viroles pour les tubes. Une collection dure un an et coûte 37 f. 50.
      Par semaine. . . . . » 70
  Une nouvelle boîte à feu en cuivre
sert quatre ans et coûte , en déduisant
la valeur de la vieille boîte à feu,
2,500 f.
      Par semaine. 12 05
Peintres, couleurs et vernis. 4 35

Roues et essieux coûtent annuellement
3,750 f.; par semaine. . . . . 72 »

Garnitures pour pistons. . . . . » 90

Outils à l'usage du mécanicien et du
chauffeur. 2 50

Boyeaux en cuir pour nettoyer les
chaudières. . . . . 1 »

Coussinets divers et tiroirs.. . . . . . 5 60

Guides des tiges des pistons. . . . . . » 60

Fer forgé pour clavettes, supports, etc. 1 25

TOTAL par semaine. . . . . 384 f. 75 c.

TABLEAU Donnant les dimensions principales de machines locomotives de dispositions différentes.	CHEMIN DE FER D'ORLÉANS A BORDEAUX	
	Machines à voyageurs.	Machines à marchandises
Diamètre des cylindres.	0^m,355	0^m,355
Course des pistons	0 ,558	1 ,558
Diamètre des roues motrices. . .	1 ,676	1 ,524
d° des roues d'avant . . .	1 ,219	1 ,066
d° des roues d'arrière . . .	1 ,066	1 ,524
Longueur de la boîte à feu intérieure	1 ,015	1 ,015
Largeur d° d°	1 ,066	1 ,066
Surface de chauffe par la boîte à feu	5 ,92	5 ,92
d° d° par les tubes. . .	63 ,51	63 ,51
Diamètre extérieur des tubes . . .	0 ,044	0 ,044
Longueur du corps cylindriq. de la chaudière (entre les plaques). . .	3 ,05 *	3 ,05 *
Longueur des tubes.	3 ,172	3 ,172
Distance entre les centres des roues extrêmes.	3 ,96	4 ,02
Distance transversale entre les ressorts (d'axe en axe)	1 ,850	1 ,85
Distance transversale entre les cylindres (d'axe en axe).	1 ,844	1 ,844
Base fixe des machines.	3^m,96 ×1,50	4^m,02 ×1,50
Base élastique d°.	3 ,96 1,85	4 ,02 ×1,85

* Cette longueur est

| CHEMIN DE FER DU NORD. | | CHEMIN DE FER DE LYON. | | |
Machines à voyageurs.	Machines à marchandises.	Machines à voyageurs.	Machines mixtes.	Machin. à marchand.
0^m, 380	0^m, 380	0^m,380	0^m,400	0^m, 43
0 , 560	0 . 610	0 ,600	0 ,600	0 , 65
1 , 680		1 ,800	1 ,60	
1 , 000	1 , 220	1 ,100	1 ,60	1 , 40
1 , 000		1 ,100	1 ,10	
0 , 925	0 , 925	1 ,050	1 ,15	1 , 15
0 , 914	0 , 914	0 ,900	0 ,90	0 , 90
	au sommet. . .	1 .050	1 ,08	1 , 12
4 ,8332	4 ,8332	6 ,500	7 ,00	7 , 50
73 ,1184	73 ,1184	80 ,000	82 ,50	85 , 00
0 , 049	0 , 049	0 ,050	0 ,05	0 , 05
3 , 685	3 , 685	3 ,410	3 ,30	3 , 20
3 , 800	3 , 800	3 ,527	3 ,462	3 ,357
3 , 015	2 , 945	4 ,015	4 ,00	4 , 00
1 , 226	1 , 226	1 ,210	1 ,21	1 , 21
1 , 888	2 , 076	1 ,882	2 ,06	2 , 06
5^m,015×1, 50	2^m,945×1, 50	4 ,015×1,50	4^m,00×1,50	4^m × 1,50
5 ,015×1,226	2 ,945×1,226	4 ,015×1,21	4 ,00 ×1,21	4 × 1,21

de 2^m,74 pour d'autres machines sur le même chemin.

*Poids et désignations de toutes les pièces d'une des ma-
chines lo omotives construites en Angleterre pour la
compagnie du chemin de fer d'Orléans à Bordeaux.*

Ces machines sont à cylindres et châssis extérieurs.

Pièces en fer.

Un couvercle du trou d'homme	35ᵏ »
Deux manetons de manivelle.	34 »
Deux roues motrices (sans les moyeux en fonte).	957 »
Deux roues de derrière dº.	560 »
Deux roues de devant dº.	668 »
Un essieu pour les roues motrices. . . .	267 »
Un dº de devant. . .	205 »
Un dº de derrière . .	192 »
Deux leviers, etc., pour les soupapes de sûreté.	8 »
Un levier, etc., pour le régulateur. . . .	4 5
Tige, tirants et traverse pour le mouve- ment de la valve du régulateur. . . .	67 »
Deux têtes des tiges des pistons.	29 »
Quatre barres d'excentrique.	143 »

A reporter. . . 3,169 5

Report. . .	3,169	5
Six piliers pour le garde-fou de la plate-forme.	45	»
Deux mains courantes.	22	5
Huit feuilles de tôle pour le garde-fou de la plate-forme.	47	»
Une barre pour le changement de marche.	23	»
Un levier pour d°.	12	»
Un guide pour d°.	8	»
Un point fixe ou axe du levier de changement de marche	14	»
Pièces pour le mouvement de la porte du cendrier. . . . . , ...	9	»
Quatre tirants en fer pour le mouvement des barres d'excentrique.	15	»
Deux plaques pour guider les barres d'excentrique.	35	»
Deux couvercles des pistons.	27	»
Quatre ressorts d'acier avec boulons et écrous.	1	3
Un arbre pour renverser la marche. . .	109	»
Deux bielles.	138	«
Un couvercle du dôme.	48	»
Deux marche-pieds.	14	4
A reporter. . . .	3,737	7

Report. . .	3,737	7
Deux manivelles pour les robinets de vidange.	5	8
Une chaudière avec divers fers d'angles (non compris la boite à feu et les tubes).	3031	»
Une porte de la boîte à feu.	18	»
Un cendrier.	158	»
Barreaux de la grille et leur support. . .	227	»
Une cheminée.	124	»
Système des châssis.	1773	»
Un ressort de traction.	62	»
Un arbre à levier pour le mouvement des tiroirs.	59	»
Deux paires de ferrures pour les ressorts des roues de derrière.	42	»
Deux paires de ferrures pour les ressorts des roues motrices.	29	»
Deux paires de ferrures pour les ressorts des roues de devant.	18	»
Deux barres d'excentrique pour les pompes.	56	»
Deux pièces pour l'assemblage des barres d'excentrique avec le plongeur. . . .	8	»
Quatre tirants pour les tiges des tiroirs.	18	»
A reporter. . .	9,366	5

Report. . .	9,366	5
Deux ressorts pour les roues de devant.	80	»
Deux d° d° de derrière.	76	»
Deux d° d° roues motrices. .	92	»
Deux garde-roues pour les roues motrices.	58	»
Deux garde-voies.	129	«
Deux manivelles pour les robinets des tuyaux du tender.	6	»
Deux tiges des tiroirs avec leurs traverses.	15	»
Feuilles de tôle pour couvrir la boîte à feu.	10	»
Poids des pièces en fer.	9,832	5

Pièces en bronze et en cuivre.

Un long tuyau communiquant avec le régulateur.	52	»
Un long tuyau bifurqué pour la prise de vapeur.	41	»
Un tuyau d'échappement.	51	»
Un régulateur avec la valve.	49	»
Un guide du régulateur.	2	7
Une boîte à étoupes pour le régulateur. .	9	9
Deux d° pour les cylindres .	14	»
Quatre robinets purgeurs pour d°. .	2	7
A reporter. . .	222	3

Report. . .	222	3
Quatre coins pour les segments des pistons	0	9
Quatre segments pour les pistons. . . .	27	«
Deux pompes alimentaires.	96	»
Deux plongeurs	17	»
Deux viroles pour les plongeurs.	2	2
Deux presse-étoupes et rondelles pour les plongeurs.	17	»
Deux tiroirs pour les cylindres.	20	7
Deux presse-étoupes avec rondelles pour les tiroirs.	5	4
Huit coussinets pour les supports de l'arbre des tiroirs.	23	4
Quatre coussinets pour les bielles. . . .	20	7
Douze petites plaques entre les joints des colliers d'excentrique.	4	»
Deux robinets de vidange.	14	4
Un robinet placé sur le corps cylindrique de la chaudière pour chauffer l'eau du tender	4	9
Deux robinets pour le niveau de l'eau. .	2	2
Deux robinets pour les tuyaux d'alimentation	14	4
A reporter. . .	492	5

Report. . .	492	5
Quatre bouchons pour le nettoyage de la boîte à feu.	2	7
Deux robinets graisseurs.	1	»
Deux robinets pour les tuyaux de communication entre le tender et la machine.	27	2
Un tuyau articulé entre le tender et la machine.	68	8
Une soupape de sûreté et clapet.	10	8
Siéges pour les boulets des pompes alimentaires.	42	3
Six couvercles avec boulets pour les pompes alimentaires	13	5
Six coussinets pour les boîtes à graisse. .	33	3
Un sifflet à vapeur.	4	5
Un tuyau pour la prise de vapeur.	55	3
Deux d° conduisant la vapeur aux cylindres	31	5
Deux tuyaux pour l'échappement. . . .	36	»
Deux tuyaux alimentaires.	12	1
Un bouchon conique pour le tuyau d'échappement.	1	5
Deux tuyaux pour amener l'eau du tender		

A reporter. . . .	833	0

Report. . .	833	0
aux pompes.	41	4
Deux tuyaux pour les robinets d'épreuve des pompes.	2	2
Un tuyau pour amener la vapeur de la chaudière au tender.	3	8
Deux robinets d'épreuve pour les pompes.	2	2
Ornement en bronze pour la main courante.	2	6
Cent quarante-cinq tubes à fumée. . . .	1186	»
Entretoises en cuivre pour la boîte à feu.	117	»
Boîte à feu.	859	»
Poids des pièces en bronze et en cuivre.	3,047	2

Pièces en fonte.

Deux cylindres avec boîtes à vapeur. . .	748	»
Deux couvercles des cylindres.	102	6
Une porte du trou d'homme.	57	»
Une base pour le dôme.	59	»
Une partie supérieure du dôme.	106	»
Deux boîtes à graisse pour les roues de devant.	74	»
Quatre guides pour les roues de devant. .	44	5
A reporter. . .	1,191	1

Report. . .	1,191	4
Deux boîtes à graisse pour les roues mo-trices.	78	7
Quatre guides pour les boîtes à graisse. .	47	»
Deux boîtes à graisse pour les roues de derrière.	69	»
Deux guides pour les tiges des tiroirs. .	7	»
Quatre barres et blocs pour guider la tige du piston	248	»
Deux corps de pistons.	43	»
Quatre pièces pour les châssis	28	3
Quatre supports pour les arbres de distri-bution.	50	4
Six excentriques.	124	»
Une colonne pour les soupapes de sûreté.	34	»
Six moyeux pour les roues.	873	»
Poids de la fonte.	2793	5
Poids du fer.	9832	5
Poids du bronze et du cuivre. . . .	3047	2
Poids du bois.	413	»
Poids total de la machine en kilog.	16086	2

Tableau indiquant la vitesse d'une machine locomotive, connaissant le temps occupé a parcourir 250, 500, 1,000 mètres.

VITESSE à l'heure en kilomètres	DURÉE D'UN PARCOURS		
	de 250 mèt.	de 500 mèt.	de 1,000 mèt.
	min. sec.	min. sec.	min. sec.
10	1 30	3 0	6 0
11	1 21,8	2 43,6	5 27,2
12	1 15	2 30	5 0
13	1 9,2	2 18,4	4 36,8
14	1 4,3	2 8,6	4 17,2
15	1 0	2 0	4 0
16	0 56,2	1 52,4	3 44,8
17	0 52,9	1 45,8	3 31,6
18	0 50	1 40	3 20
19	0 47,3	1 34,6	3 9,2
20	0 45	1 30	3 0
21	0 42,8	1 25,6	2 51,2
22	0 40,9	1 20,9	2 41,8
23	0 39,1	1 18,2	2 36,4
24	0 37,5	1 15	2 30

9.

VITESSE à l'heure en kilomètres	DURÉE D'UN PARCOURS		
	de 250 mèt.	de 500 mèt.	de 1,000 mèt.
	min. sec.	min. sec.	min. sec.
25	0 36	1 12	2 24
26	0 34,6	1 9,2	2 18,4
27	0 33.3	1 6,6	2 13,2
28	0 32,1	1 4,2	2 8,4
29	0 31	1 2	2 4
30	0 30	1 0	2 0
31	0 29	0 58	1 56
32	0 28,1	0 56,2	1 52,4
33	0 27,2	0 54,4	1 48,8
34	0 26,4	0 52,8	1 45,6
35	0 25,7	0 51,4	1 42,8
36	0 25	0 50	1 40
37	0 24,3	0 48,6	1 37,2
38	0 23,6	0 47,2	1 34,4
39	0 23	0 46	1 32
40	0 22,5	0 45	1 30
41	0 24,9	0 43,8	1 27,6

Vitesse à l'heure en kilomètres	Durée d'un parcours		
	de 250 mèt.	de 500 mèt.	de 1,000 mèt.
	min. sec.	min. sec.	min. sec.
42	0 21,4	0 42,8	1 25,6
43	0 20,9	0 41,8	1 23,6
44	0 20,4	0 40,8	1 21,6
45	0 20	0 40	1 20
46	0 19,5	0 39	1 18
47	0 19,1	0 38,2	1 16,4
48	0 18,7	0 37,4	1 14,8
49	0 18,3	0 36,6	1 13,2
50	0 18	0 36	1 12
51	0 17,6	0 35,2	1 10,4
52	00 17,3	0 34,6	1 9,6
53	0 17	0 34	1 8
54	0 16,7	0 33,4	1 6,8
55	0 16,4	0 32.8	1 5,6
56	0 16,1	0 32,2	1 4,4
57	0 15,8	0 31,6	1 3,2
58	0 15,5	0 31	1 2

Vitesse à l'heure en kilomètres	Durée d'un parcours		
	de 250 mèt.	de 500 mèt.	de 1,000 mèt.
	min. sec.	min. sec.	min. sec.
59	0 15,2	0 30,4	1 0,8
60	0 15	0 30	1 0
61	0 14,8	0 29,6	0 59,2
62	0 14,5	0 29	0 58
63	0 14,2	0 28,4	0 56,8
64	0 14	0 28	0 56
65	0 13,8	0 27,6	0 55,2
66	0 13,6	0 27,2	0 54,4
67	0 13,4	0 26,8	0 53,6
68	0 13,2	0 26,4	0 52,8
69	0 13	0 26	0 52
70	0 12,8	0 25,6	0 51,2
71	0 12,7	0 25,4	0 50,8
72	0 12,5	0 25	0 50
73	0 12,3	0 24,6	0 49,2
74	0 12,2	0 24,4	0 48,8
75	0 12	0 24	0 48

Vitesse à l'heure en kilomètres	Durée d'un parcours		
	de 250 mèt.	de 500 mèt.	de 1,000 mèt.
	min. sec.	min. sec.	min. sec.
76	0 11,8	0 23,6	0 47,2
77	0 11,7	0 23,2	0 46,4
78	0 11,5	0 23	0 46
79	0 11,4	0 22,8	0 45,6
80	0 11,2	0 22,4	0 44,8
85	0 10,5	0 21	0 42
90	0 10	0 20	0 40
95	0 9,5	0 19	0 38
100	0 9	0 18	0 36

*Tableau indiquant le nombre de révolutions
le nombre de kilomètres parcourus*

KILOMÈTRES parcourus dans une heure.	DIAMÈTRE des roues motrices 1m,219	DIAMÈTRE des roues motrices 1m,371	DIAMÈTRE des roues motrices 1m,524	DIAMÈTRE des roues motrices 1m,676
10	43,51	38,75	34,86	31,68
15	65,27	58,14	52,30	47,52
20	87,03	77,51	69,73	63,37
25	108,78	96,89	87,18	79,21
30	130,28	116,27	104,62	95,05
35	152,30	135,65	122,03	110,89
40	174,06	155,02	139,47	126,74
45	195,82	174,41	156,90	142,58
50	217,57	193,79	174,27	158,42
55	[illegible]	213,17	191,76	174,27
60	261,09	232,55	211,29	190,11
65	280,24	251,93	226,63	205,95
70	304,61	271,31	244,07	221,79
75	326,37	290,69	261,50	239,54
80	348,12	310,07	278,93	253,67
85	369,88	329,45	296,37	209,32
90	391,64	348,83	313,80	285,17
95	413,40	368,21	331,24	304,01
100	435,45	387,59	348,67	316,85

des roues motrices par minute, connaissant par la machine dans une heure.

DIAMÈTRE des roues motrices 1m,828	DIAMÈTRE des roues motrices 1m,980	DIAMÈTRE des roues motrices 2m,133	DIAMÈTRE des roues motrices 2m,285.
29,03	26,79	24,91	23,24
43,55	40,19	37,36	34,86
58,07	53,59	49,82	46,48
72,58	66,98	62,28	58,12
87,10	80,38	74,73	69,73
101,62	93,78	87,19	81,35
116,14	107,17	99,65	92,97
130,66	120,57	112,10	104,60
145,17	133,99	124,56	116,22
159,52	148,96	137,01	127,84
174,21	160,93	149,50	139,47
188,73	174,16	161,93	151,08
203,25	187,56	174,38	162,71
217,77	200,96	186,84	174,33
232,28	214.36	199,30	185,95
245,06	227,75	211,75	197,59
261,32	241,15	225,71	209,20
275,84	254,55	236,67	220,82
290,35	277,05	249,12	232,44

TABLE DES MATIÈRES.

Imprimerie de GUSTAVE GRATIOT, 11, rue de la Monnaie.